Carsten Christier

Fahrzeuge der Hamburger U-Bahn

Der DT1

1958 - 1991

Impressum

Carsten Christier
Fahrzeuge der Hamburger U-Bahn
Der DT1
1958 - 1991

1. Auflage 2016

Herstellung und Verlag:
BOD - Books on Demand, Norderstedt
ISBN: 978-3-74122-194-1

Vorwort

Als zweites Buch der Buchreihe über die Fahrzeuge der Hamburger U-Bahn erscheint nun der Band über die Fahrzeuggeneration der Nachkriegsjahre. Die Geschichte des DT1 wird von 1958 bis zu seinem endgültigen Ausscheiden aus dem Fahrgastverkehr vor 25 Jahren, am 31.05.1991 detailliert erzählt.

Auch für diesen Band wurden wieder die Archive umgegraben und seltene, nie zuvor gesehene Bilder hervorgeholt.

Für die freundliche Unterstützung an diesem Buch danke ich diesmal den Herren Hans-Peter Martin, André Loop, Stefan Benecke, Manfred Schwanke und Viktor Martynov. Ebenso möchte ich der Hamburger Hochbahn AG danken, dass sie wertvolles Archivmaterial für die Verwendung freigegeben hat.

Nun wünsche ich viel Vergnügen beim Eintauchen in die Geschichte des DT1.

Hamburg im Mai 2016

Carsten Christier

Inhalt

Bisherige Fahrzeuge der HHA

A- und B-Wagen (Archiv Hochbahn)

Bevor im Jahre 1958 die ersten Nachkriegsfahrzeuge von der Hamburger Hochbahn beschafft wurden, bestand der Fahrzeugpark aus insgesamt 383 Vorkriegstriebwagen, sowie vierzehn Versuchsfahrzeugen der 14. und 15. Lieferung. Von den Vorkriegswagen der Type T (später nach Bau der Aufbauwagen als Typ A bezeichnet, ab 1960 dann wieder T) wurden nach dem Krieg 118 Wagen bzw. Überreste aus Kriegsschäden als sogenannte B-Wagen wiederaufgebaut. Drei Wagen gelten als verschollen. Diese Wagen wurden ab 1960 als TU1 bezeichnet.

Erste Doppeltriebwagen und Elektronikversuche

Mit den, während der Zeit des zweiten Weltkriegs beschafften Wagen der 15. Lieferung sollten verschiedene Versuche durchgeführt werden. Diese zehn Wagen wurden 1944/45 von der Waggonfabrik WUMAG in Görlitz hergestellt und von Anfang an als Doppeltriebwagen geplant. Welche elektrische Ausrüstung für die Fahrzeuge vorgesehen war, ist heute unbekannt, da die Fahrzeuge ohne elektrische Ausrüstung geliefert wurden.

Die Fahrzeuge gingen teilweise erst 1946 in Betrieb und erhielten eine konventionelle Steuerung mit Fahrmotoren von SSW. Damit konnten die Wagen alleine fahren, obwohl sie aufgrund ihrer Kurzkupplung zwischen den Wagen konsequent als feste Doppeltriebwagen eingesetzt wurden. Auch die Doppelschiebetüren, die auch bereits die vier Probefahrzeuge der 14. Lieferung besaßen, waren zukunftsweisend, zumal die originalen Holztüren in späteren Jahren gegen Türen der Bauart DT1 getauscht wurden.

Zur Erprobung einer neuen Fahrzeugsteuerung wurden in den Jahren 1953/54 die letzten acht Triebwagen der Aufbauserie B mit einer neuen elektronischen Steuerung ausgerüstet, um neue Antriebe für neu zu beschaffende U-Bahnzüge zu erproben.

Wagen der 15. Lieferung (Sammlung Hans-Peter Martin)

Vier Triebwagen wurden mit einer elektrischen Ausrüstung der Firma AEG versehen. Es waren dies die Wagen 77, 176, 193 und 199. Die Wagen erhielten im Fahrerstand einen kombinierten Fahr- und Bremshebel.

Die anderen vier Triebwagen wurden von SSW ausgerüstet. Es handelte sich um die Wagen 91, 170, 182 und 192. Diese Wagen erhielten getrennte Fahr- und Bremshebel, die in ihrer Ausführung schon der späteren des DT1 ähnelten.

Die Fahrzeuge sollten über eine stärkere Beschleunigung verfügen, sowie eine Höchstgeschwindigkeit von 80 km/h erreichen. Sie erhielten neue speziell gefederte Drehgestelle.

Im Jahre 1960/61 wurden vier Wagen wieder mit der normalen elektrischen Ausrüstung versehen, die Wagen

8918+8919 (ex 77+199) fuhren weiter mit ihrer AEG-Ausrüstung, die Wagen 8889+8920 wurden mit einer Simatic-Steuerung ausgerüstet.

Alle Wagen wurden bis 1968 ausgemustert.

Fahrpult eines TU1-Versuchszuges (Archiv Hochbahn)

Projektierung des DT 1

Nach den Erfahrungen mit den B-Wagen Versuchswagen, bestellte die Hochbahn in den Jahren 1957/58 bei der Waggonfabrik Uerdingen insgesamt 50 Doppeltriebwagen des neuen Typs. Die elektrische Ausrüstung wurde von den Firmen SSW und AEG geliefert, die Kompressoreinheit des Zuges lieferte die Firma Knorr.

Die Fahrzeuge wurden zu diesem Zeitpunkt als 16. Lieferung bezeichnet.

Für den Fahrgastraum wurden Polstersitze als Quersitze vorgesehen.

Probesitze für die DT1-Fahrzeuge (Archiv Hochbahn)

Die Fahrzeuge verfügten abweichend zu allen vorherigen Fahrzeugen über drei Fahrgasttüren pro Wagenseite. Sie waren mit 13,80m länger als die bisherigen Fahrzeuge, dafür wurden sie etwas schmaler.

Die Stirnfronten sind im oberen Teil leicht geneigt. Es waren drei Windschutzscheiben im Fahrerraum vorgesehen, über der mittleren wurde ein Fahrzielbandkasten eingebaut. Es wurde hier ein einteiliges Fahrzielband vorgesehen.

Die elektrische Ausrüstung wurde auf beide Wagen verteilt, die von nun an als Doppeltriebwagen untrennbar miteinander verbunden waren. Jede Achse verfügte über einen eigenen Motor. Die Stromabnehmer wurden an den mittleren Drehgestellen montiert. Das Fahrzeug verfügte über eine 110-Volt Anlage, über die der Strom für die gesamte Fahrzeugelektrik gesteuert wurde.

Für die Bremse, sowie die Türschließanlage und das An- und Ablegen der Stromabnehmer verfügte das Fahrzeug über eine Druckluftanlage.

Erstmals verfügte der DT1 über einen eingebauten Dämmerungsschalter, der die Lichtsteuerung automatisch regelt. Zuvor gab es Kontakte in den Stromabnehmern, die je nach Höhe der Stromschiene das Licht an- oder ausschalteten.

Wagenkastenrohbau (Archiv Hochbahn)

DT1 Drehgestell (Archiv Hochbahn)

9008

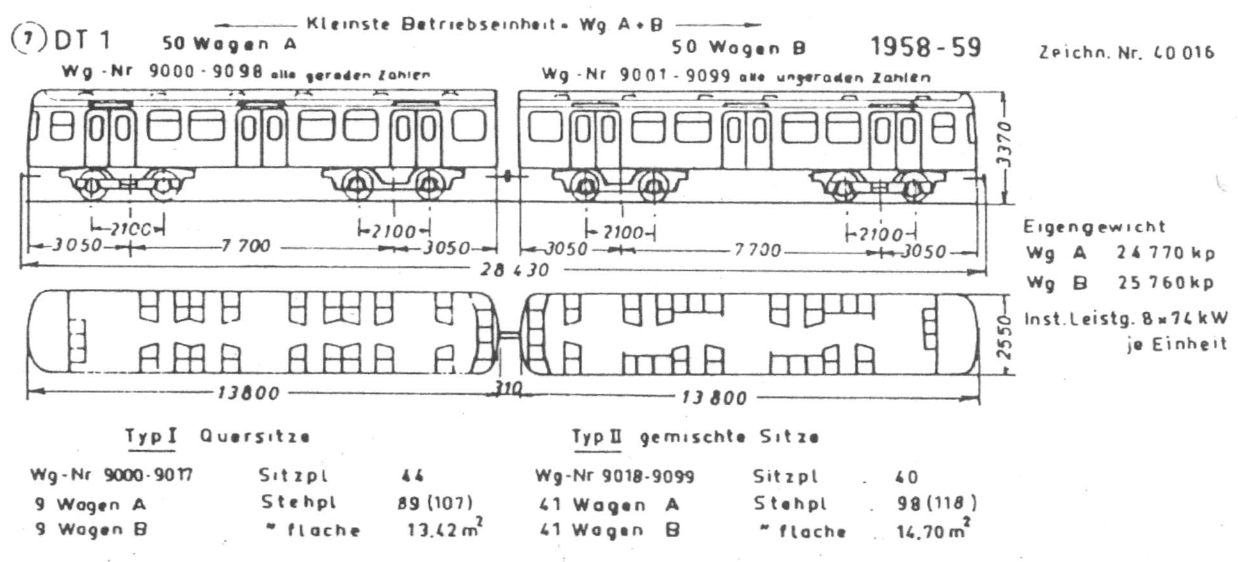

DT1-Typenblatt (Archiv Hochbahn)

9009

Anlieferung und Inbetriebnahme

Am 24.2.1958 wurde die erste Einheit bei der Hamburger Hochbahn auf Tiefladern angeliefert. Nach ersten Testfahrten wurden zwischen Juli 1958 und September 1959 alle 50 Doppeltriebwagen in Betrieb genommen.

Es wurden ursprünglich nur 40 Einheiten bestellt. Diese Bestellung wurde dann um 10 weitere aufgestockt. Eine weitere Option um weitere 50 Einheiten wurde dann aber nicht eingelöst.

Anlieferung des ersten Wagens (Archiv Hochbahn)

Die Fahrzeuge erhielten die damals aktuelle Farbgebung in rot/beige. Als Wagennummern wurden die Nummern 9431/32 bis 9529/30 vergeben.

Frisch angelieferte Einheit 9443/44 auf dem Güterbahnhof Barmbek (Archiv Hochbahn)

Wagen 9498 im Ursprungslack (Archiv Hochbahn)

9011

Einige Einheiten wurden nicht auf Kosten der Hamburger Hochbahn, sondern des Hamburger Staates für die Walddörfer- und Langenhorner Bahn beschafft. Eine genaue Aufstellung der Lieferungen folgt am Ende dieses Kapitels.

DT1-Tür von außen und innen im Anlieferungszustand (Archiv Hochbahn)

Die Türen der Fahrzeuge waren innen ursprünglich ocker lackiert. Über den Türen gab es die Möglichkeit, die Türen per Druckknopf auch öffnen zu lassen, anstatt sie händisch zu öffnen. Diese Türöffnungshilfe war leider sehr störanfällig und wurde schon in den ersten Jahren wieder stillgelegt.

Früh stillgelegter Türöffner im DT1 (Archiv Hochbahn)

Die ersten neun Einheiten verfügten wie ursprünglich geplant über eine Bestuhlung ausschließlich mit Querbänken.

Nur Wagen 9432 erhielt zu Testzwecken andere Sitzbänke. Die Rückenlehnen lagen ohne Zwischenholz direkt aneinander. Die Sitzpolster waren abwechseln rot und blau. Alle anderen Wagen erhielten grüne Kunstleder-Sitzpolster.

Ab der Einheit 9449/50 wurde die Innenraumaufteilung geändert. Fortan gab es sowohl Quer- als auch Längsbänke. Auch hier gab es mit Wagen 9452 wieder ein Testfahrzeug analog dem Wagen 9432 der ersten Serie.

Innenraum des DT1 aus der ersten Serie bis Wagen 9448 mit grünen Polstern. (Archiv Hochbahn)

Wagen der letzten Serie ab 9511 mit blauen und roten Polstern. (Archiv Hochbahn)

Innerhalb der folgenden Beschaffungen änderte sich der Innenraum dann ebenfalls mehrmals.

DT1-Führerstand (Archiv HOCHBAHN)

Die letzten zehn Einheiten 9511/12 bis 9529/30 hatten schließlich graue Stirnwände anstatt aus PAG-Holz, modernere Klappfenster, Sitze mit flacheren Rückenlehnen und Polstern mit abwechselnd roten und blauen Bezügen.

Wagennummer	Inbetriebnahme	Eigentümer
9431/9432	04.07.1958	Staat
9433/9434	04.07.1958	Staat
9435/9436	04.07.1958	Staat
9437/9438	15.07.1958	Staat
9439/9440	15.07.1958	Staat
9441/9442	15.07.1958	Staat
9443/9444	22.07.1958	Staat
9445/9446	15.07.1958	Staat

9447/9448	18.07.1958	Staat
9449/9450	04.08.1958	Staat
9451/9452	07.10.1958	Staat
9453/9454	04.08.1958	Staat
9455/9456	04.08.1958	Staat
9457/9458	16.08.1958	Staat
9459/9460	16.08.1958	Staat
9461/9462	15.09.1958	Staat
9463/9464	15.09.1958	Staat
9465/9466	13.10.1958	Staat
9467/9468	22.10.1958	Staat
9469/9470	22.10.1958	Staat
9471/9472	12.11.1958	Staat
9473/9474	12.11.1958	Staat
9475/9476	11.12.1958	HHA
9477/9478	12.12.1958	HHA
9479/9480	19.12.1958	HHA
9481/9482	19.12.1958	HHA
9483/9484	30.01.1959	HHA
9485/9486	17.01.1959	HHA
9487/9488	30.01.1959	HHA
9489/9490	11.02.1959	HHA
9491/9492	11.02.1959	Staat
9493/9494	04.03.1959	Staat
9495/9496	04.03.1959	Staat
9497/9498	26.03.1959	Staat
9499/9500	26.03.1959	HHA
9501/9502	10.04.1959	HHA
9503/9504	16.04.1959	HHA
9505/9506	28.04.1959	HHA
9507/9508	28.04.1959	HHA
9509/9510	27.05.1959	HHA
9511/9512	01.06.1959	Staat
9513/9514	10.06.1959	Staat

9515/9516	11.06.1959	HHA
9517/9518	03.07.1959	HHA
9519/9520	03.07.1959	HHA
9521/9522	17.07.1959	HHA
9523/9524	23.07.1959	Staat
9525/9526	03.08.1959	Staat
9527/9528	13.08.1959	Staat
9529/9530	22.09.1959	Staat

Umnummerierung

Im Jahr 1960 erfolgte bei der Hochbahn die große Umnummerierung der Fahrzeuge.

Die Fahrzeuge der 16. Lieferung, die fortan als DT1 bezeichnet wurden, erhielten nun die Nummern 9000-9099, allerdings nicht in der bisherigen Reihenfolge, da die Staats- und HHA-Wagen jetzt in Blöcken zusammengefasst wurden.

Eine genaue Liste der Umzeichnung entnehmen Sie bitte der untenstehenden Tabelle.

Anzumerken sei noch, dass mit dem Umzeichnungsplan sich auch für die Altbaufahrzeuge die Typenbezeichnungen änderte. So wurde aus dem A-Wagen wieder der Typ T, aus den B-Wagen der Typ TU1 und die in Modernisierung befindlichen A-Wagen der 9.-13. Serie wurden zum Typ TU2.

Die Umbauwagen wurden ebenfalls in den neuen vierstelligen Bereich eingeordnet, lediglich die verbliebenen originalen T-Wagen behielten bis zu ihrem Einsatzende die ursprünglichen Nummern.

Neue Nummer	Alte Nummer	Eigentümer
9000/9001	9431/9432	Staat
9002/9003	9433/9434	Staat
9004/9005	9435/9436	Staat
9006/9007	9437/9438	Staat
9008/9009	9439/9440	Staat
9010/9011	9441/9442	Staat
9012/9013	9443/9444	Staat
9014/9015	9445/9446	Staat
9016/9017	9447/9448	Staat
9018/9019	9449/9450	Staat
9020/9021	9451/9452	Staat
9022/9023	9453/9454	Staat
9024/9025	9455/9456	Staat
9026/9027	9457/9458	Staat
9028/9029	9459/9460	Staat
9030/9031	9461/9462	Staat
9032/9033	9463/9464	Staat
9034/9035	9465/9466	Staat
9036/9037	9467/9468	Staat
9038/9039	9469/9470	Staat
9040/9041	9471/9472	Staat
9042/9043	9473/9474	Staat
9044/9045	9491/9492	Staat
9046/9047	9493/9494	Staat
9048/9049	9495/9496	Staat
9050/9051	9497/9498	Staat
9052/9053	9511/9512	Staat
9054/9055	9513/9514	Staat
9056/9057	9523/9524	Staat
9058/9059	9525/9526	Staat
9060/9061	9527/9528	Staat
9062/9063	9529/9530	Staat
9064/9065	9475/9476	HHA

9066/9067	9477/9478	HHA
9068/9069	9479/9480	HHA
9070/9071	9481/9482	HHA
9072/9073	9483/9484	HHA
9074/9075	9485/9486	HHA
9076/9077	9487/9488	HHA
9078/9079	9489/9490	HHA
9080/9081	9499/9500	HHA
9082/9083	9501/9502	HHA
9084/9085	9503/9504	HHA
9086/9087	9505/9506	HHA
9088/9089	9507/9508	HHA
9090/9091	9509/9510	HHA
9092/9093	9515/9516	HHA
9094/9095	9517/9518	HHA
9096/9097	9519/9520	HHA
9098/9099	9521/9522	HHA

Die ersten Jahre im Einsatz

Die Fahrzeuge des Typs DT1 wurden seit ihrer Inbetriebnahme vorwiegend auf der Langenhorner Bahn eingesetzt, um dort die T-Wagen zu ersetzen und die Fahrzeiten zu verkürzen. Diese Strecke zwischen Ochsenzoll der Innenstadt eignete sich sehr gut dafür, da sie vom restlichen Netz autark betrieben wurde. Hier wurden auch die ersten DT2 getestet, sowie die TU1-Versuchszüge eingesetzt, die ja ebenfalls für höhere Geschwindigkeiten ausgelegt waren.

In der zweiten Hälfte der 60er Jahre wurden die Stromabnehmer an den Einheiten von den Mitteldrehgestellen an die Enddrehgestelle versetzt.

Kurioserweise gab es mit der Einheit 9052/53 die Seltenheit, dass innerhalb einer Einheit die Außenwerbung gemischt wurde. So hatte der Wagen 9052 Werbung von Jägermeister, Wagen 9053 allerdings Werbung von Doornkaat. Als kurz darauf die Werbeverträge von Jägermeister gekündigt wurden, entfiel dieses Kuriosum wieder.

Um werkstattbedingt nicht auf zwei Einheiten verzichten zu müssen, verkehrten für eine kurze Zeit die zwei Einheiten gemischt. So fuhr 9026 mit Wagen 9031 in einer Einheit, die jeweiligen Partner 9027 und 9030 ebenso.

DT1 mit Doornkaat-Werbung auf dem Betriebshof Barmbek (Archiv Hochbahn)

DT1-Fahrzeug im Anlieferungszustand in der Haltestelle Messberg (Archiv Hochbahn)

9021

DT1 im Originalzustand im Bahnhof Rödingsmarkt (Sammlung Hans-Peter Martin)

DT1 im Betriebshof Barmbek (Archiv Hochbahn)

Am 10.06.1965 kam es auf der Halstestelle Feldstraße zu einem folgenschweren Unfall. In der Haltestelle stand ein Zug des Typs DT1, gebildet aus den Einheiten 9094/95, 9024/25 und 9000/01. Aus Richtung Sternschanze näherte sich ein Schiebezug aus insgesamt 12 T/TU1 und TU2-Wagen. Da die Kommunikation zwischen dem Fahrer des Schiebezuges, sowie des Fahrers im vorderen Zugteil nicht funktionierte, fuhr der Schiebezug in der Haltestelle Feldstraße auf den dort stehenden DT1-Zug auf. Es kam zu einem größeren Sachschaden. Ernsthafte Verletzungen waren aber nicht zu beklagen.

Links: Kaputte Fahrzeugfronten und Kupplungen (Archiv Hochbahn) – Rechts: Der eingedrückte Führerstand des DT1 (Archiv Hochbahn)

Anpassung an den DT3

Im Jahre 1966 wurde der erste DT3 geliefert. Dieser neue Fahrzeugtyp war von Anfang an so konzipiert, dass er mit den DT1 kuppelbar sein sollte.

Zu diesem Zweck wurde im Oktober 1966 die Einheit 9012/13 in ihrem Aussehen verwandelt. Sie erhielt rote Fronten und Türen und eine Außenlackierung in grau zur Angleichung an den DT3. Fortan wurden mit dem DT3.0 und dieser Einheit Testfahrten unternommen und festgelegt, welche Anpassungsarbeiten an den DT1 zu machen sind, um die freizügige Kuppelbarkeit zu erreichen.

Nach Ablauf der Tests erhielt die Einheit 9012/13 ihr ursprüngliches Aussehen zurück.

Zwischen Ende 1969 und Anfang 1970 begann der Umbau der DT1-Einheiten nach den Erkenntnissen der Erprobung. Inzwischen hatten die DT1 neue Fahrzielbänder mit separatem Linienband erhalten.

Pro DT1-Einheit wurden rund 37.000 DM investiert um die Züge anzugleichen.

So wurden die Anfahr- und Bremskennlinien dem DT3 angepasst und die Drehgestelle leicht verändert, um ein Aufschaukeln zu vermeiden.

In Innenraum wurden die ursprünglichen Polster gegen neue blaue ausgetauscht, um sie den DT3 anzugleichen und die Instandhaltung in der Polsterei zu vereinfachen.

Ebenso wurde jetzt bei allen DT1 der Außenlack wie bereits 1966 getestet geändert. Auf die roten Fronten wurde zur Unterscheidung ein weißer Balken aufgebracht. Damit verschwand das rot/creme-farbene Bild komplett von den Gleisen der Hochbahn.

Letztlich wurden die DT1 außer bei Werkstattfahrten und Überführungen nie mit DT3 eingesetzt. Ein Fahrgasteinsatz dieser Kombination ist nicht belegt. Es wurden aber im Laufe der Jahre verschiedene Sonderfahrten durchgeführt.

Anzumerken sei noch, dass die DT3 bis in die 80er Jahre mit Dauerdruckverschluss an den Türen und seitenabhängiger Türfreigabe ausgerüstet wurden. Dies hätte einen freizügigen Einsatz mit DT1 spätestens ab diesem Zeitpunkt nicht mehr sinnvoll möglich gemacht, da von einem DT1 die Türen des DT3 nicht freigegeben werden konnten.

Ein bunter DT1-Zug, die mittlere Einheit ist bereits umlackiert (Sammlung Hans-Peter Martin)

DT1 und DT3 auf dem Testgleis (Sammlung Hans-Peter Martin)

Beide Lackvarianten gekuppelt (Sammlung Hans-Peter Martin)

DT1 in beiden Lackvarianten und DT2 (Sammlung Hans-Peter Martin)

DT1 und DT3 auf Überführungsfahrt im Zugverband (Hans-Peter Martin)

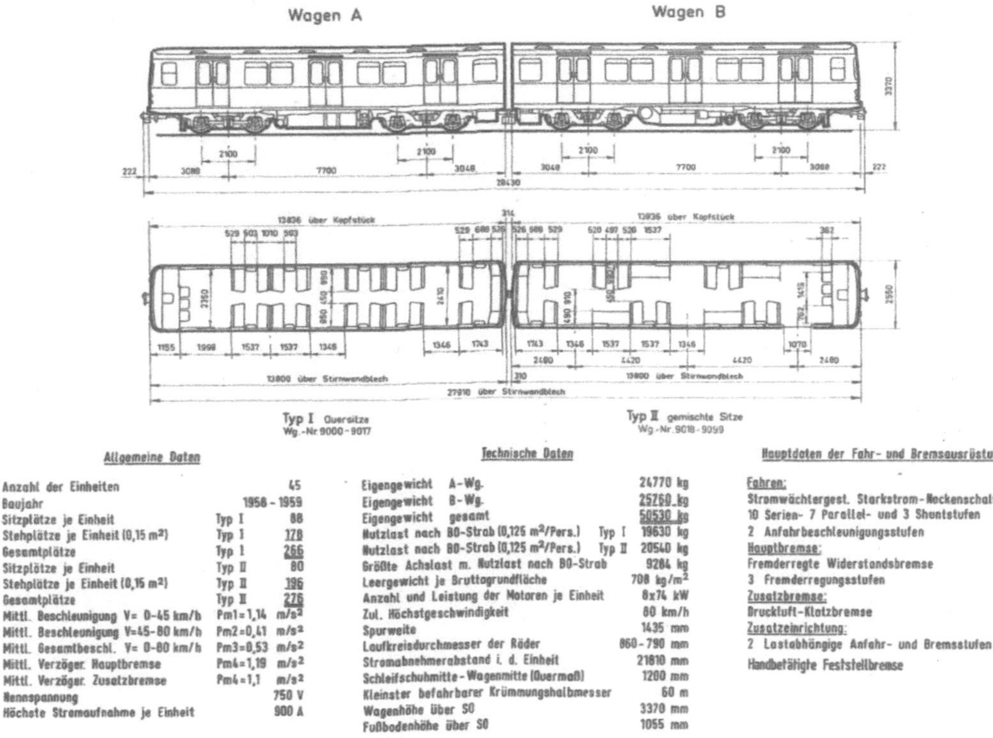

DT1-Typenblatt (Archiv Hochbahn)

Inneneinrichtungen nach Umbau auf blaue Polster

Wie bereits oben erwähnt, gab es diverse verschiedene Einrichtungsvarianten bei den DT1, welche auf den kommenden Seiten gezeigt werden.

Anzumerken sei, dass Wagen 9021 ebenfalls ein Probewagen war, dessen Inneneinrichtung ähnlich der des Wagens 9001 war, nur mit Quer- und Längssitzen.

Ebenfalls abweichend war die Einheit 9090/91 die eine Mischung aus der dritten und letzten Serie erhielt.

Wagen 9001 hatte als Prototyp bereits leicht angeschrägte Rückenlehnen (Stefan Benecke)

9029

Wagen 9003 mit der typischen Einrichtung der ersten Einheiten nur mit Querbestuhlung (Manfred Schwanke)

DT1 der zweiten Serie, jetzt mit Quer- und Längssitzen (André Loop)

DT1 der dritten Serie mit flacheren Rückenlehnen
(Manfred Schwanke)

DT1 der letzten Serie mit grauen Stirnwänden und
angeschrägten Rückenlehnen (André Loop)

9031

Die 70er Jahre

Bereits 1971, nach Ablieferung der letzten DT3 waren die DT1 die ältesten Fahrzeuge im Hamburger U-Bahnnetz. Da sie noch nicht über Leichtbau verfügten, waren diese Züge mit Abstand am schwersten. Damit verbrauchten sie auch deutlich mehr Strom als die jüngeren Fahrzeuge.

DT1 in Neulack mit Doornkaat-Werbung (Sammlung Hans-Peter Martin)

Die Einheit 9030/31 erhielt im Februar 1971 Ganzreklame für Alstermilch, diese wurde zwar nach drei Jahren im Februar 1974 gelöscht, die blaue Farbgebung blieb jedoch noch lange Jahre erhalten.

DT1 mit Alstermilch-Reklame (Sammlung Hans-Peter Martin)

Ab Anfang der 70er Jahre wurden die Fahrzeuge fast ausschließlich in der Hauptverkehrszeit eingesetzt. Außerhalb der Stoßzeiten kam man ohne sie aus.

Mitte der 70er Jahre bekamen alle DT1 noch Schlösser in den Fahrerstandstüren nachgerüstet, wie dies auch bei den DT2 und DT3 geschah.

Zum Sommerfahrplan 1977 wurden erstmals alle abgestellt, der Bestand an DT2 und DT3 Fahrzeugen reichte vollkommen aus, um den Fahrplan aufrecht zu erhalten. Zum Winterfahrplan 1977/78 kehrten dann 39 Einheiten wieder in den Einsatz zurück.

Die Einheiten 9012/13, 9024/25, 9034/35, 9052/53, 9056/57, 9061/61, 9062/63, 9084/85, 9092/93, 9094/95, 9096/97 blieben bis auf weiteres abgestellt.

Die Einheit 9056/57 wurde im Mai 1977 offiziell ausgemustert und im Betriebsbahnhof Barmbek zur Ersatzteilgewinnung abgestellt.

Anfang 1978 überlegte die Hamburger Hochbahn langsam, sich von den Fahrzeugen zu trennen. Es gab verschiedenes Interesse aus dem Ausland, ein Verkauf kam allerdings bekannter Weise nie zu Stande.

Im Sommer 1978 wurden wieder alle DT1 abgestellt, diesmal allerdings nur im Juli und August, ab dem 04.09.78 kamen die DT1 wieder zum Einsatz.

DT1 in Mundsburg (Sammlung Hans-Peter Martin)

DT1 in der Hamburger Straße (Sammlung Hans-Peter Martin)

DT1 in Barmbek (Sammlung Hans-Peter Martin)

Die 80er Jahre

Nachdem feststand, dass es keine Neubeschaffung von U-Bahnfahrzeugen für die Verlängerung der U2 nach Niendorf-Markt geben wird, entschied man sich, allen noch einsatzfähigen DT1 ab August 1981 bis Februar 1984 einer HU zu unterziehen.

Hierbei entfielen die Tischchen zwischen den Sitzen, die Türen wurden neu in gelb lackiert, außerdem erhielten alle Einheiten Neulack. Damit verschwand auch bei der Einheit 9030/31 der blaue Lack der Alstermilch-Reklame,

Zusätzlich zu den 36 noch betriebsfähigen Einheiten, kehrten auch die 1977 abgestellten Einheiten 9012/13, 9024/25, 9034/35, 9052/53, 9061/61, 9062/63, 9084/85, und 9092/93 zurück in den Fahrgasteinsatz.

Von den vorher 39 betriebsfähigen Einheiten waren zwischenzeitlich zwei zu Arbeitswagen umgebaut worden, dazu mehr im nächsten Abschnitt.

Die Einheit 9076/77 ist nach einem Brandanschlag in Ochsenzoll im Juni 1982 aus dem Einsatz ausgeschieden. Sie wurde im Oktober 1982 in Barmbek verschrottet.

Zwischen 1983 und 1984 erhielten die DT1 anstelle des weißen Balkens das Hochbahn-Emblem auf der Stirnfront. Dies geschah unabhängig von der HU, es gab sowohl Fahrzeuge mit weißem Balken nach HU als auch welche mit Hochbahn-Emblem vor der HU. Einzelne DT1 liefen zwischenzeitlich ganz ohne Markierung auf der Stirnfront.

DT1 9076/77 in der Betriebswerkstatt Barmbek (Sammlung Hans-Peter Martin)

DT1 im Betriebswerk Barmbek (Sammlung Hans-Peter Martin)

DT1 in der Aufarbeitung (Sammlung Hans-Peter Martin)

DT1 bereits mit dem neuen Hochbahn-Emblem, aber noch vor der HU (Sammlung Hans-Peter Martin)

9038

Umbau in Arbeitswagen AT4 und AT5

Im Frühjahr 1980 wurde die Einheiten 9058/59 und 9082/83 aus dem Fahrgasteinsatz gezogen und es wurde begonnen, diese Einheiten zu Arbeitswagen des Typs AT4 umzubauen, um die beiden betagten T-Wagen des Typs AT1 mit den Nummern 8040 und 8041 zu ersetzen.

Die erste Einheit 9058/59, die nun die Nummer 8042/43 (ab 01.1989: 025) erhielt, war ab Ende Juni 1980 einsatzbereit.

Als zweites wurde die Einheit 9082/83 umgebaut, sie war ab September 1980 als AT4 8044/45 (ab 08.1988: 026) einsatzfähig.

Beide Einheiten versahen ihren Dienst fortan als Kurvenschmier- und Transportwagen.

Da die modernen Fahrzeuge vom Typ DT4 und DT5 selbst über Anlagen zur Kurvenschmierung verfügen, wurden die beiden AT4 im Jahr 2005 verschrottet.

Im September 1982 wurde die Einheit 9094/95, die seit 1977 abgestellt war, in die Werkstatt Barmbek geholt, um als dritter DT1 zu einem Arbeitsfahrzeug umgebaut zu werden. So entstand der Schienenspritzzug mit der Bezeichnung AT5. Er ersetzte den TU2-Schienenspritzzug AT3 mit den Nummern 8050/51.

Der Schienenspritzzug war bis 2006 im Einsatz und wurde im Jahre 2013 verschrottet.

Beide AT4 (Sammlung Hans-Peter Martin)

Inneinrichtung der AT4 (Sammlung Hans-Peter Martin)

Schienenspritzzug AT5 (Sammlung Hans-Peter Martin)

Tanks im AT5 (Sammlung Hans-Peter Martin)

Die letzten Jahre

Als im Jahre 1988 der Fahrzeugpark der Hamburger U-Bahn auf ein neues dreistelliges EDV-taugliches Nummernsystem umgestellt wurde, war es vorgesehen, auch die DT1-Fahrzeuge noch in dieses neue System einzugliedern. Zum Zeitpunkt der Umnummerierung befanden sich noch 44 Einheiten im aktiven Fahrzeugeinsatz. Die bereits ausgemusterten oder in Arbeitswagen umgebauten Fahrzeuge fanden bei der Umzeichnung keine Beachtung mehr.

Die folgende Liste gibt Aufschluss über die noch vorhandenen 44 Einheiten zum Zeitpunkt der Umzeichnung.

Alt	Neu	Neu	Alt
501	9000/9001	519	9036/9037
502	9002/9003	520	9038/9039
503	9004/9005	521	9040/9041
504	9006/9007	522	9042/9043
505	9008/9009	523	9044/9045
506	9010/9011	524	9046/9047
507	9012/9013	525	9048/9049
508	9014/9015	526	9050/9051
509	9016/9017	527	9052/9053
510	9018/9019	528	9054/9055
511	9020/9021	529	9060/9061
512	9022/9023	530	9062/9063
513	9024/9025	531	9064/9065
514	9026/9027	532	9066/9067
515	9028/9029	533	9068/9069
516	9030/9031	534	9070/9071
517	9032/9033	535	9072/9073
518	9034/9035	536	9074/9075

537	9078/9079	541	9088/9089
538	9080/9081	542	9090/9091
539	9084/9085	543	9092/9093
540	9086/9087	544	9098/9099

Die neuen Nummern wurden letztlich nur für die Werkstatt- und EDV-Verwaltung benutzt, an den Wagen aber nicht mehr angeschrieben. Aus diesem Grund werden die alten Nummern auch für den Rest dieses Buches benutzt.

Ab Ende der 80er folgte die große Ausmusterungswelle im Zuge der Indienststellung von Neubaufahrzeugen des Typs DT4.

Erste abgestellte Einheit seit der letzten großen HU war die Einheit 9004/05, die bereits im April 1987 ausschied und in Saarlandstraße abgestellt wurde.

Im Februar 1989 folgten gleich sieben weitere Einheiten.

Die Einheiten 9000/01, 9018/19 und 9044/45 wurden dazu ebenfalls Saarlandstraße ausgemustert abgestellt, die Einheit 9014/15 wurde im Betriebsbahnhof Barmbek abgestellt und die Einheiten 9026/27, 9028/29 und 9038/39 in der Abstellanlage Hagenbecks Tierpark.

Somit waren zu diesem Zeitpunkt noch 35 Einheiten betriebsfähig.

Im Juli 1989 folgten die Einheiten 9002/03, 9006/07, 9008/09, 9022/23, 9032/33, 9066/67, 9070/71 und 9070/72 in die Ausmusterung, im August ebenso 9012/13, 9020/21 und 9042/43.

9043

Dies Ausmusterungswelle ließ den Bestand auf nur noch 24 betriebsfähige Einheiten zusammenschrumpfen.

Im Juli 1989 begann dann auch die erste Verschrottungswelle. Welche Einheiten wann und wo verschrottet wurden, entnehmen Sie bitte der Tabelle am Ende dieses Kapitels.

Schrottreihe, Lagerbahnhof Saarlandstraße (Sammlung Hans-Peter Martin)

Spätestens bis zum Beginn des Sommerfahrplans 1990 wurden dann auch die restlichen 24 DT1 Einheiten abgestellt. Zehn Einheiten wurden dafür gesondert in der Abstellanlage Hagenbecks Tierpark abgestellt, der Rest ausgemustert.

Ab dem 11.10.1990 kamen dann diese zehn Einheiten, nachdem es eigentlich vorgesehen war, keine DT1 mehr einzusetzen, auf der U1 wieder zurück in den

Fahrgasteinsatz. Es handelte sich um die Einheiten 9024/25, 9040/41, 9048/49, 9050/51, 9054/55, 9068/69, 9078/79, 9088/89, 9090/91 und 9098/99.

Abtransport mit der Bundesbahn von Ochsenzoll in den Hafen (Sammlung Hans-Peter Martin)

9062/63 wurde außerdem als Rangiertriebwagen bis 1992 im Betriebsbahnhof Barmbek benutzt.

Im November 1990 wurden dann bereits die Einheit 9088/89 ausgemustert, ihr folgte im März 1991 die Einheit 9024/25.

Mit den letzten acht Einheiten endete am 31.05.1991 der Einsatz der DT1 bei der Hamburger U-Bahn. Diese acht Einheiten blieben noch bis Januar 1992 im Betriebsbestand als Reserve, wurden allerdings nicht mehr eingesetzt.

Zwischenzeitlich kam es am 19.08.91 bei der in Billstedt abgestellten Einheit 9074/75 zu einem Brandanschlag.

DT1 9074/75 nach dem Brandanschlag in Billstedt von außen bzw. von innen (Sammlung Hans-Peter Martin)

9046

Nachdem bei den DT1-Fahrzeugen eine erhöhte Asbestbelastung festgestellt wurden, erfolgte die Verschrottung der letzten Einheiten im Jahre 1994 in Aniche in Frankreich bei einer Spezialfirma. Die Fahrzeuge wurden dorthin per Tieflader transportiert.

Bei den Transporten per Tieflader wurden die Fahrzeuge aufgrund der Gesamthöhenbeschränkung von 4 Metern mit einem Bagger bereits plattgedrückt.

Abtransport per Tieflader (Sammlung Hans-Peter Martin)

Nr. & Ausmusterung	Verbleib
9000/9001 02.1989	Abtransport per Bundesbahn von Ochsenzoll 30.08.1989, verschrottet im Hamburger Rosshafen
9002/9003 07.1989	Abtransport per Bundesbahn von Ochsenzoll 22.08.1989,

		verschrottet im Hamburger Rosshafen
9004/9005	04.1987	Abtransport per Tieflader von Saarlandstraße 27.07.1989, verschrottet im Hamburger Rosshafen
9006/9007	07.1989	Abtransport per Bundesbahn von Ochsenzoll 28.08.1989, verschrottet im Hamburger Rosshafen
9008/9009	07.1989	Abtransport per Bundesbahn von Ochsenzoll 22.08.1989, verschrottet im Hamburger Rosshafen
9010/9011	06.1990	Abtransport per Tieflader von Barmbek 26.01.1994, verschrottet in Aniche, Frankreich
9012/9013	05.1989	Abtransport per Bundesbahn von Ochsenzoll 30.08.1989, verschrottet im Hamburger Rosshafen
9014/9015	02.1989	Abtransport per Tieflader von Barmbek 26.01.1994, verschrottet in Aniche, Frankreich
9016/9017	12.1989	Abtransport per Tieflader von Barmbek 19.01.1994, verschrottet in Aniche, Frankreich
9018/9019	02.1989	Abtransport per Bundesbahn von Ochsenzoll 30.08.1989, verschrottet im Hamburger Rosshafen
9020/9021	05.1989	Abtransport per Bundesbahn von Ochsenzoll 28.08.1989, verschrottet im Hamburger Rosshafen

9022/9023	06.1989	abgestellt seit 1992 in der Kehranlage Horner Rennbahn, Museumswagen
9024/9025	03.1991	Übungsfahrzeug der Landesfeuerwehrschule Hamburg, verschrottet 01.07.1995
9026/9027	02.1989	Abtransport per Tieflader von Saarlandstraße 26.07.1989, verschrottet im Hamburger Rosshafen
9028/9029	02.1989	Abtransport per Tieflader von Saarlandstraße 26.07.1989, verschrottet im Hamburger Rosshafen
9030/9031	01.1990	seit 19.09.2000 mietbarer Partywagen unter dem Namen „Der Hanseat"
9032/9033	07.1989	Abtransport per Bundesbahn von Ochsenzoll 28.08.1989, verschrottet im Hamburger Rosshafen
9034/9035	05.1990	abgestellt seit 1992 in der Kehranlage Horner Rennbahn, Museumswagen
9036/9037	07.1988	Übungsfahrzeug der Landesfeuerwehrschule Hamburg, verschrottet 01.07.1995
9038/9039	02.1989	Abtransport per Tieflader von Saarlandstraße 26.07.1989, verschrottet im Hamburger Rosshafen
9040/9041	01.1992	Abtransport per Tieflader von Barmbek 24.01.1994, verschrottet in Aniche, Frankreich

9042/9043	05.1989	Abtransport per Bundesbahn von Ochsenzoll 22.08.1989, verschrottet im Hamburger Rosshafen
9044/9045	02.1989	Abtransport per Bundesbahn von Ochsenzoll 30.08.89, verschrottet im Hamburger Rosshafen
9046/9047	05.1990	Abtransport per Tieflader von Barmbek am 25.01.1994 und 02.02.1994, verschrottet in Aniche, Frankreich
9048/9049	01.1992	Abtransport per Tieflader von Barmbek 28.01.1994, verschrottet in Aniche, Frankreich
9050/9051	01.1992	Abtransport per Tieflader von Barmbek 24.01.1994, verschrottet in Aniche, Frankreich
9052/9053	06.1990	Abtransport per Tieflader von Barmbek 31.01.1994, verschrottet in Aniche, Frankreich
9054/9055	01.1992	Abtransport per Tieflader von Barmbek 07.02.1994, verschrottet in Aniche, Frankreich
9056/9057	05.1977	Abtransport per Bundesbahn von Ochsenzoll 28.08.1989, verschrottet im Hamburger Rosshafen
9058/9059	06.1980	Umgebaut bis 06.1980 zum Arbeitswagen AT4 mit der Nr. 8042/43, verschrottet 2005
9060/9061	06.1990	Abtransport per Tieflader von Barmbek 07.02.1994, verschrottet bei RVN Norderstedt

9062/9063	06.1990	Abtransport per Tieflader von Barmbek 27.01.1994, verschrottet in Aniche, Frankreich
9064/9065	01.1990	Abtransport per Tieflader von Barmbek 03.02.1994, verschrottet in Aniche, Frankreich
9066/9067	07.1989	Abtransport per Bundesbahn von Ochsenzoll 28.08.1989, verschrottet im Hamburger Rosshafen
9068/9069	01.1992	Abtransport per Tieflader von Barmbek 03.02.1994, verschrottet in Aniche, Frankreich
9070/9071	07.1989	Abtransport per Bundesbahn von Ochsenzoll 22.08.1989, verschrottet im Hamburger Rosshafen
9072/9073	06.1989	Abtransport per Tieflader von Barmbek 01.02.1994, verschrottet in Aniche, Frankreich
9074/9075	02.1990	Abtransport per Tieflader von Barmbek 19.01.1994, verschrottet in Aniche, Frankreich
9076/9077	06.1982	verschrottet am 01.10.1982 auf dem Betriebshof Barmbek
9078/9079	01.1992	Abtransport per Tieflader von Barmbek 01.02.1994, verschrottet in Aniche, Frankreich
9080/9081	04.1990	Abtransport per Tieflader von Barmbek 02.02.1994, verschrottet in Aniche, Frankreich
9082/9083	02.1981	Umgebaut bis 09.1980 zum Arbeitswagen AT4 mit der Nr. 8044/45, verschrottet 2005

9084/9085	06.1990	Abtransport per Tieflader von Barmbek 26.01.1994, verschrottet in Aniche, Frankreich
9086/9087	06.1990	Abtransport per Tieflader von Barmbek 28.01.1994, verschrottet in Aniche, Frankreich
9088/9089	11.1990	Abtransport per Tieflader von Barmbek 25.01.1994, verschrottet in Aniche, Frankreich
9090/9091	07.1991	Umgebaut zum Arbeitswagen AT6 mit der Nummer 028, verschrottet 2005
9092/9093	06.1990	Abtransport per Tieflader von Barmbek am 02.02.1994 und 25.01.1994, verschrottet in Aniche, Frankreich
9094/9095	05.1977	Ab 10.1982 umgebaut zum Arbeitswagen AT5 mit der Nr. 8046/47, verschrottet 2013
9096/9097	05.1977	verschrottet am 02.03.1982 im Betriebsbahnhof Barmbek
9098/9099	01.1992	Abtransport per Tieflader von Barmbek 31.01.1994, verschrottet in Aniche, Frankreich

Übungsobjekte bei der Feuerwehr

Die Einheit 9036/37 wurde am 12.12.1988 an die Feuerwehrschule Hamburg zu Übungszwecken abgegeben. Dieser Einheit folgte später die Einheit 9024/25. Beide Einheiten dienten Brandversuchen.

Sie wurden im Juli 1995 durch anderen Fahrzeuge ersetzt und verschrottet.

Abtransport zur Feuerwehrschule (Sammlung Hans-Peter Martin)

Bei der Feuerwehrschule (Sammlung Hans-Peter Martin)

Umbau in Arbeitswagen AT6

Die Einheit 9090/91 (EDV 028) wurde am 10.07.1991 offiziell als Personenfahrzeug ausgemustert, nachdem sie aber bereits seit 1990 abgestellt war. Sie wurde in einen Schlepp- und Rangiertriebwagen umgebaut. Sie behielt ihre Lackierung, anstelle der roten Fronten erhielt die Einheit allerdings diese in Arbeitswagen-orange lackiert. So verblieb die Einheit bis 1993 im Einsatz.

Arbeitswagen AT6 im ersten Umbauzustand (Hans-Peter Martin)

Im Jahre 1993 wurde der AT6 abermals umgebaut und in seine zwei Teile zerlegt. An den bisherigen Kurzkupplungsenden erhielt die Einheit ebenfalls Scharfenbergkupplungen. Jetzt wurde die Einheit auch vollständig in Arbeitswagen-gelb lackiert. Es wurde der Schienenschleifwagen SB3 mit der Nummer 061 zwischen die Wagen gehängt. Fortan war das Gespann ausschließlich für Schleiffahrten unterwegs. Da der Schleifwagen sehr schwer ist, war diese Kombination sehr behäbig und der DT1 litt sehr unter den Fahrten. Heutzutage wird der Schienenschleifwagen wieder von Lokomotiven geschleppt. Der AT6 mit der Nummer 028 wurde im Jahr 2005 verschrottet.

Arbeitswagen AT6 mit Schleifwagen im Einsatz (Sammlung Hans-Peter Martin)

Museale Erhaltung

Nach Außerdienststellung wurden drei Einheiten zur musealen Aufbewahrung in der Abstellanlage Horner Rennbahn abgestellt. Es handelte sich um die Einheiten 9022/23, 9030/31 und 9034/35. Leider verfügten alle diese Einheiten über die gleiche Inneneinrichtung.

Die Einheit 9030/31 wurde nach ihrer Abstellung noch einmal als Abnahmefahrzeug für das neue Stellwerk Wartenau benutzt. Danach wurde die Einheit wieder abgestellt.

Der Hanseat

Im Juli 1997 wurde die Einheit 9030/31 abermals von der Kehranlage Horner Rennbahn abgeholt und in diesem Falle zur Aufarbeitung zur Hauptwerkstatt Barmbek gebracht.

Es war geplant, diese Einheit in einen Party- und Veranstaltungszug umzubauen.

Der Wagen 9030 (dann 516-1) wurde „historisch" aufgearbeitet. Er behielt seine Inneneinrichtung, bekam jedoch Tische zwischen den Quersitzen eingebaut. Außerdem wurden die blauen Polster gegen blaue und rote getauscht, die dieser Wagen aus historischer Sicht jedoch nie gehabt hatte,

Der Wagen 9031 (dann 516-2) wurde seiner Inneneinrichtung beraubt. Stattdessen wurde eine Bar eingebaut, sowie ein WC eingerichtet.

Zwischen den Wagen wurde ein Durchgang eingerichtet, damit wurde diese Einheit das erste Fahrzeug der Hochbahn mit einem Durchgang zwischen den Wagenkästen. Zu diesem Zweck wurden die Wagenkästen getrennt und mit etwas mehr Abstand wieder gekuppelt um Freiraum für den Durchgang zu schaffen.

Im Zug wurde eine Lautsprecheranlage eingebaut, etwas, was die DT1 im Planbetrieb nicht mehr erhielten. Ebenso erhielt diese Einheit eine Türschließanlage mit Dauerdruckverschluss, um ein Öffnen der Türen während der Fahrt zu vermeiden, eine Einrichtung, die im Gegensatz zu den DT2 und DT3 die DT1 ebenfalls nie erhielten. Abweichend ist diese Anlage im Hanseat allerdings so gesteuert, dass die Türen nur generell, aber nicht seitenweise frei gegeben werden können.

Leider wurden bei der Einheit bei der Aufarbeitung die elektrischen Kontakte in der Kupplung stillgelegt. Somit ist derzeit keine elektrische Kuppelbarkeit mit anderen DT1 in der Zukunft, als auch mit DT3 mehr möglich.

Der Hanseat ist über die Hamburger Hochbahn für Veranstaltungen zu mieten.

Der Partywagen „Der Hanseat", mit seiner EDV-Nummer 516 (André Loop)

Historisch aufgearbeiteter Wagen (André Loop)

Durchgang zwischen den Wagen mit Blick auf die Bar (André Loop)

Anhang: Zielbänder

Die DT1 besaßen über die Jahre verschiedene Ziel- und Linienbänder, wovon wir hier eine Auswahl auflisten. Die genannten Bänder kamen auch bei DT2- und DT3-Fahrzeugen zum Einsatz, wenngleich mit breiteren Abmessungen.

Zielband 1968

1	Garstedt	21	Farmsen
2	Ochsenzoll	22	Schlump
3	Ohlstedt	23	Berliner Tor
4	Großhansdorf	24	KE – PA – BA
5	Flughafenstraße	25	BA – HBS – PA – BA
6	Volksdorf	26	Barmbek
7	Ohlsdorf	27	Billstedter Platz
8		28	Merkenstraße
9	Wandsbek-Markt	29	Stadtpark
10	Wandsbek-Gartenstadt	30	Horner Rennbahn
11	Kellinghusenstraße	31	St. Pauli
12	Hauptbahnhof-Süd	32	Billstedt
13	Wartenau	33	Legienstraße
14	Trabrennbahn	34	Hauptbahnhof-Nord
15		35	
16		36	*zu Zielen 24 & 25:*
17	Nicht einsteigen	37	*KE = Kellinghusenstr.*
18	Hauptbahnhof-Nord	38	*PA = St. Pauli*
19	Gänsemarkt	39	*BA = Barmbek*
20	Hagenbecks Tierpark	40	*HBS = Hbf. Süd*

Zielband 1973

1	Garstedt	21	Farmsen
2	Ochsenzoll	22	Schlump
3	Ohlstedt	23	Berliner Tor
4	Großhansdorf	24	KE – PA – BA
5	Flughafenstraße	25	BA – HBS – PA – BA

6	Volksdorf	26	Barmbek
7	Ohlsdorf	27	
8	Ohlstedt/Großhansdorf	28	Merkenstraße
9	Wandsbek-Markt	29	
10		30	Horner Rennbahn
11	Kellinghusenstraße	31	St. Pauli
12	Hauptbahnhof-Süd	32	Billstedt
13	Wartenau	33	Saarlandstraße
14		34	
15		35	*zu Zielen 24 & 25:*
16		36	*KE = Kellinghusenstr.*
17	Nicht einsteigen	37	*PA = St. Pauli*
18	Wandsbek-Gartenstadt	38	*BA = Barmbek*
19		39	*HBS = Hbf. Süd*
20	Hagenbecks Tierpark	40	

Linienband

1		5	U1/U2	9	(U22)
2	U1	6	U1/U3	10	
3	U2	7	U2/U3	...	*10 – 14 leer*
4	U3	8	(U21)	14	

1981: DT1 mit Zielbeschilderung „U2 Nordalbingerweg", dem Arbeitstitel der Haltestelle Niendorf Nord (Stefan Benecke)

Anhang: Bibliographie

Hamburger Nahverkehrsnachrichten, herausgegeben vom Verein Verkehrsamateure und Museumsbahn e.V., verschiedene Ausgaben, Hamburg 1959 – 2015

Die Fahrzeuge der Hamburger Hochbahn, Entwicklung und Geschichte von 1912 bis zur Gegenwart, herausgegeben vom Verein Verkehrsamateure und Museumsbahn e.V., 2. Aufl., Hamburg 1975.

Die Geschichte der Hamburger Hochbahn, Arbeitsgemeinschaft Blickpunkt Straßenbahn e.V., Berlin 1. Auflage 1989, 2. Auflage 1999.

Private Aufzeichnungen von Klaus Britsche und Nahverkehrsfreunden.

Aufzeichnungen von André Loop, HOCHBAHNBUCH.de

Umschlagfotos:

Vorderseite: oben: DT1 in originaler Farbgebung (Sammlung Hans-Peter Martin), unten: DT1 in grauer Farbgebung (Sammlung Hans-Peter Martin)

Titelseite innen: DT1 in Barmbek (Sammlung Hans-Peter Martin)

Rückseite oben: DT1 in der Hauptwerkstatt Barmbek (André Loop), unten: Schienenpflege AT4 (Sammlung Hans-Peter Martin)